21 面向21世纪国家示范性高职院校实训规划系列

PLC编程专用周

实训指导书

主 编 刘保朝

副主编 吕金焕

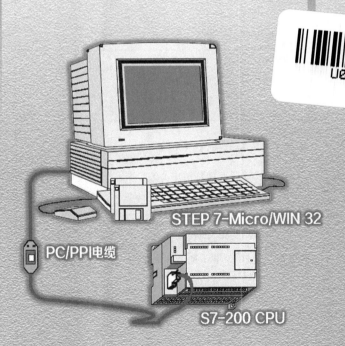

STEP 7-Micro/WIN 32

PC/PPI电缆

S7-200 CPU

西安交通大学出版社
XI'AN JIAOTONG UNIVERSITY PRESS

国 家 一 级 出 版 社
全国百佳图书出版单位

内容简介

PLC专用周是配合《数控机床电气控制》课程理论教学而开设的实践课程,其目的是要通过学生动脑思考、动手操作、问题分析、编程设计、程序调试等过程解决典型控制任务,以实际训练项目为载体,加深对《数控机床电气控制》课程理论知识的理解,指导未来的实际工作。

PLC专用周在教学内容的安排上,考虑到学生的认知规律,从实训平台和S7－200PLC以及所运用的STEP7 MICRO/WIN编程软件介绍;由基本指令训练到高级指令应用;从简单典型控制项目到接近实际应用的综合项目设计。其中根据学生具体情况,可以因材施教,学习进度快、理解能力强的学生,在教师引导下可以自行尝试综合项目。

目前,PLC技术广泛应用于企业生产过程当中,在我国西门子PLC有很高的市场占有率。本书以当前广泛应用的西门子S7－200PLC为对象,介绍PLC的硬件和软件、基本指令和高级指令。通过简单程序的设计培养学生的编程思维,通过综合性典型控制任务的程序设计及调试提高学生PLC编程的能力。本教材在编写时,考虑教师和学生使用方便,结合职业教育特点以工作任务驱动教学为指导思想编写。

本书可作为高职高专院校、成人教育、职业技能培训的电气自动化、机电一体化、数控技术、数控维修等专业的实训教学用书。可作为中专相关专业的教学用书,满足以上专业学生实训期间的指导要求。

图书在版编目(CIP)数据

PLC编程专用周实训指导书/刘保朝主编. —西安:西安交通大学出版社,2014.8(2023.3 重印)
ISBN 978－7－5605－6569－9

Ⅰ.①P⋯　Ⅱ.①刘⋯　Ⅲ.①PLC技术-程序设计-教材
Ⅳ.①TM571.6

中国版本图书馆CIP数据核字(2013)第180951号

书　　名	PLC编程专用周实训指导书
主　　编	刘保朝
责任编辑	李　佳

出版发行　西安交通大学出版社
　　　　　(西安市兴庆南路1号　邮政编码710048)
网　　址　http://www.xjtupress.com
电　　话　(029)82668357　82667874(市场营销中心)
　　　　　(029)82668315(总编办)
传　　真　(029)82668280
印　　刷　西安日报社印务中心

开　　本　787mm×1092mm　1/16　印张 3.875　字数 86千字
版次印次　2014年8月第1版　2023年3月第8次印刷
书　　号　ISBN 978－7－5605－6569－9
定　　价　12.80元

如发现印装质量问题,请与本社发行市场营销联系。
订购热线:(029)82665248　(029)82667874
投稿热线:(029)82668818
读者信箱:xj_rwjg@126.com

前　言

  本实训指导书是根据 PLC 实训课程的性质、教学特点，并结合编者多年的 PLC 的教学和培训经验而编写的，在前教学过程中不断实践与修改。

  为了使《PLC 专用周实训指导书》实训内容中能够充分与学生的职业能力培养相衔接，本实训指导书，按照"项目导向—任务驱动"的模式，以天煌教仪公司的 THJDME - 1 产品为实训平台（注，如选用其他公司的产品，要求具备西门子 S7 - 200PLC、I/O 模块、输入按钮模块、灯负载模块、电机负载模块等组件）。教学过程采用"教、学、做一体化"模式。

  本实训指导书在编写的过程中，参考了一些教材、参考文献中的内容，在此对这些文献的作者表示诚挚的感谢。由于于时间比较仓促、编者水平所限，书中不足和疏漏之处在所难免，敬请读者批评指正。

编者

2014 年 3 月

目 录

实训一　THJDME‑1 实训装置认知实训 …………………………………………………（1）

实训二　西门子 S7‑200 认知实训 …………………………………………（7）

实训三　STEP7 MICRO/WIN V3.01 编程软件使用练习实训 ……………………………（9）

实训四　西门子 S7‑200 基本指令应用编程实训 ………………………………（14）

实训五　电动机的 PLC 控制实训 ……………………………………………………（16）

实训六　PLC 编程实现三人抢答器控制实训 ……………………………………（20）

实训七　PLC 比较及定时指令的基本编程实训 ………………………………………（22）

实训八　计数指令和特殊存储器的编程与应用实训 …………………………………（26）

实训九　数据传送、移位功能指令的编程与应用实训………………………………（29）

实训十　交通信号灯自控和手控实训 ………………………………………………（34）

实训十一　多种液体自动混合系统控制实训 ………………………………………（37）

实训十二　音乐喷泉的 PLC 控制实训 ……………………………………………（41）

实训十三　邮件分拣机控制实训 ……………………………………………………（44）

实训十四　自动售货机控制实训 ……………………………………………………（46）

实训十五　基于 PLC 的装配流水线控制实训 ………………………………………（49）

实训报告 ……………………………………………………………………………（53）

参考文献 ……………………………………………………………………………（55）

实训一　THJDME‑1实训装置认知实训

学生姓名_____学号_____班级_____指导老师_____

一、实训目的

　　(1) 掌握 THJDME‑1 的系统组成。
　　(2) 掌握 THJDME‑1 的工作流程。
　　(3) 掌握 THJDME‑1 的控制要求。
　　(4) 掌握 THJDME‑1 的实训模块。
　　(5) 能够进行 THJDME‑1 的复位、启动、停止等操控。

二、实训仪器

　　(1) THJDME‑1 实训装置一台，如图 1‑1 所示。

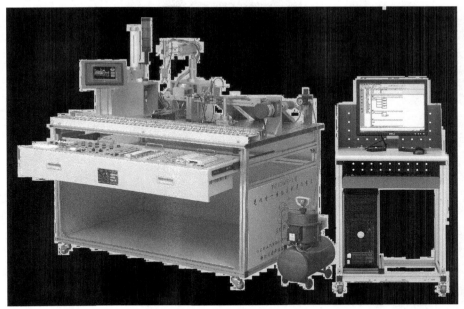

图 1‑1　THJDME‑1 实训装置

（2）西门子 S7－200CPU226 型 PLC 一台，如图 1－2 所示。

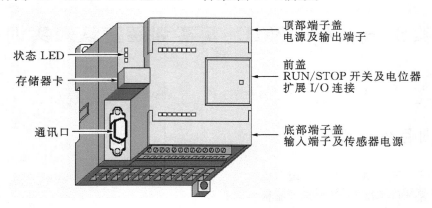

图 1－2　西门子 S7－200CPU226

（3）编程计算机及电脑推车一套，如图 1－3 所示。

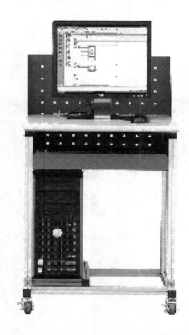

图 1－3　编程计算机及电脑推车

三、实训内容

1. THJDME－1 的组成

光机电一体化实训考核装置由型材导轨式实训台、典型机电一体化设备机械部件、PLC模块、变频器模块、按钮模块、电源模块、模拟生产设备实训模块（包含上料机构、搬运机械手、皮带输送线、物件分拣等）、接线端子排、各种传感器、警示灯和气动电磁阀等组成。整体结构采用开放式和拆装式设计,可以组装、接线、编程和调试的光机电一体化设备。

2.THJDME-1的工作流程

THJDME-1的工作流程方框图,如图1-4所示。

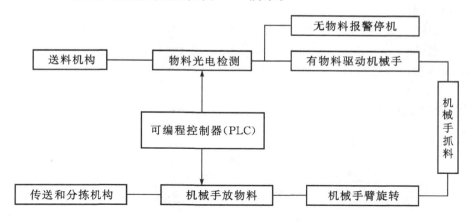

图1-4 THJDME-1的工作流程方框图

3. 控制要求

(1)上料机构。上料机构结构,如图1-5所示。

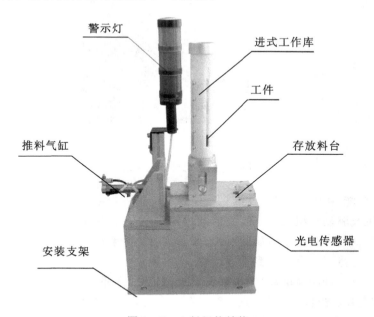

图1-5 上料机构结构

主要组成与功能:上料机构由井式工件库、光电传感器、工件、存放料台、推料气缸、安装支架等组成。主要完成将工件依次送至存放料台上。没有工件时,报警指示黄灯闪烁,放入工件后闪烁自动停止。

光电传感器:物料检测传感器为光电漫反射型传感器,检测到有物料时推料气缸将物料推出到存放料台,有物料时为 PLC 提供一个输入信号;推料气缸:依次将工件推到存放料台上,由单相电控气阀控制;警示灯:在设备停止时警示红灯亮,在设备运行时警示绿灯,在无物料时警示黄灯闪烁;井式工件库:用于存放 φ32 mm 工件,料筒侧面有观察槽;安装支架:用于安装工件库和推料气缸。

在复位完成后,点动"启动"按钮,料筒光电传感器检测到有工件时,推料气缸将工件推出至存放料台,若 3 s 后,料筒检测光电传感器仍未检测到工件,则说明料筒内无物料,这时警示黄灯闪烁,放入物料后熄灭;机械手将工件取走后,推料气缸缩回,工件下落,气缸重复上一次动作。

(2)搬运机械手机构。搬运机械手机构的结构,如图 1-6 所示。

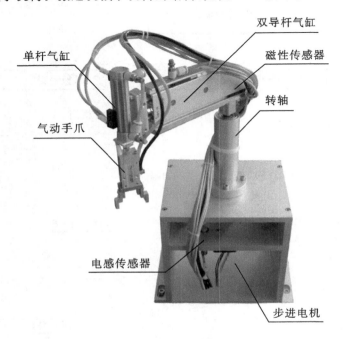

图 1-6　搬运机械手机构结构

主要组成与功能:由气动手爪、双导杆气缸、单杆气缸、电感传感器、磁性传感器、多种类型电磁阀、步进电机及驱动器组成。主要完成通过气动机械手手臂前伸,前臂下降,气动手指夹紧物料,前臂上升,手臂缩回,手臂旋转到位,手臂前伸,前臂下降,手爪松开将物料放入料口,机械手返回原位,等待下一个物料到位等动作。

气动手爪:完成工件的抓取动作,由双向电控阀控制,手爪夹紧时磁性传感器有信号输出,磁性开关指示灯亮;双导杆气缸:控制机械手臂伸出、缩回,由电控气阀控制;单杆气缸:控制气动手爪的提升、下降,由电控气阀控制;电感传感器:机械手臂左摆或右摆到位后,电感传感器有信号输出。(接线注意棕色接 24 V 直流电源"+"、蓝色接"-"、黑色接"输出"——"PLC 输入端");磁性传感器:用于气缸的位置检测。当检测到气缸准确到位后将给 PLC 发出一个到位信号。(磁性传感器接线时注意蓝色接"-",棕色接"PLC 输入端");步进电机及驱动器:用于控制机械手手臂的旋转。通过脉冲个数进行精确定位。

当存放料台检测光电传感器检测物料到位后,机械手手臂前伸,手臂伸出限位传感器检测

4

到位后,延时 0.5 s,手爪气缸下降,手爪下降限位传感器检测到位后,延时 0.5 s,气动手爪抓取物料,手爪夹紧限位传感器检测到夹紧信号后;延时 0.5 s,手爪气缸上升,手爪提升限位传感器检测到位后,手臂气缸缩回,手臂缩回限位传感器检测到位后;手臂向右旋转,手臂旋转一定角度后,手臂前伸,手臂伸出限位传感器检测到位后,手爪气缸下降,手爪下降限位传感器检测到位后,延时 0.5 s,气动手爪放开物料,手爪气缸上升,手爪提升限位传感器检测到位后,手臂气缸缩回,手臂缩回限位传感器检测到位后,手臂向左旋转,等待下一个物料到位,重复上面的动作。在分拣气缸完成分拣后,再将物料放入输送线上。

(3)成品分拣机构

成品分拣机构结构,如图 1-7 所示。

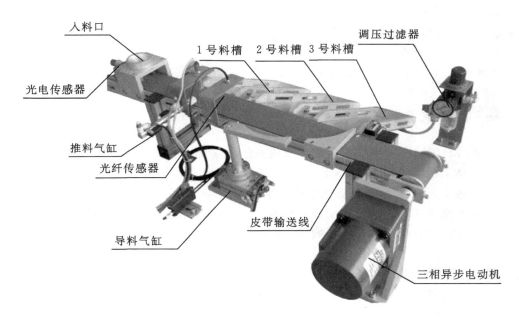

图 1-7　成品分拣机构结构

主要组成与功能:由皮带输送线、分拣料槽、单杆气缸、旋转气缸、三相异步电动机、磁性传感器、光电传感器、电感传感器、光纤传感器及电磁阀等组成。主要完成物料的输送、分拣任务。

光电传感器:当有物料放入时,给 PLC 一个输入信号。(接线注意棕色接"＋"、蓝色接"－"、黑色接"输出");入料口:物料入料位置定位;电感式传感器:检测金属材料,检测距离为 2～5 mm(接线注意棕色接"＋"、蓝色接"－"、黑色接"输出");光纤传感器:用于检测非金属的白色物料,检测距离为 3～8 mm,检测距离可通过传感器放大器的电位器调节。(接线注意棕色接"＋"、蓝色接"－"、黑色接"输出");1 号料槽:用于放置金属物料;2 号料槽:用于放置白色尼龙物料;3 号料槽:用于放置黑色尼龙物料;推料气缸:将物料推入料槽,由单向电控气阀控制;导料气缸:在检测到有白色物料时,将导料块旋转到相应的位置;皮带输送线:由三相交流异步电动机拖动,将物料输送到相应的位置;三相异步电动机:驱动传送带转动,由变频器控制。

当入料口光电传感器检测到物料时,变频器接收启动信号,三相交流异步电机以30 Hz的频率正转运行,皮带开始输送工件,当料槽1检测传感器检测到金属物料时,推料气缸动作,将金属物料推入1号料槽,料槽检测传感器检测到有工件经过时,电动机停止;当料槽2检测传感器检测到白色物料时,旋转气缸动作,将白色物料导入2号料槽,料槽检测传感器检测到有工件经过时,旋转气缸转回原位,同时电动机停止;当物料为黑色物料直接导入3号料槽,料槽检测传感器检测到有工件经过时,电动机停止。

(4)启动、停止、复位、警示

①系统上电后,点动"复位"按钮后系统复位,将存放料台、皮带上的工件清空,点动"启动"按钮,警示绿灯亮,缺料时警示黄灯闪烁;放入工件后设备开始运行,不得人为干预执行机构,以免影响设备正常运行。

②按"停止"按钮,所有部件停止工作,警示红灯亮,缺料警示黄闪烁。

(5)突然断电的处理

突然断电,设备停止工作。电源恢复后,点动"复位"按钮,再点动"启动"按钮。

四、实训步骤

(1)分析 THJDME-1 实训装置的各组成部分,并理解各部分功能。

(2)从总体上初步熟悉 THJDME-1 实训装置的工作流程。

(3)观察各实训模块,统计其低压电器元件组成。

(4)观察并记录 THJDME-1 实训装置的工作过程,总结各环节的运动和控制要求。

(5)完成 THJDME-1 实训装置的运行操控。

五、实训报告

(1)画出 THJDME-1 的工作流程方框图,并作简要文字叙述。

(2)对 THJDME-1 实训装置的工作过程进行记录。

实训二 西门子 S7 - 200 认知实训

学生姓名 _____ 学号 _____ 班级 _____ 指导老师 _____

一、实训目的

(1)掌握西门子 S7 - 200 CPU226 型 PLC 的组成。
(2)掌握 PLC 实训模块的组成。

二、实训仪器

1.西门子 S7 - 200CPU226 一台,如图 2 - 1 所示;西门子 S7 - 200CPU226 设备各部分名称如图 2 - 2 所示。

CPU226 DC/DC/DC 有 24 路数字量输入、16 路晶体管输出、两个 RS - 485 通信口、+EM222(8 路数字量输出),在 PLC 的每个输入端均有开关,PLC 主机的输入/输出接口均已连到面板上,方便用户使用。

2.实训模块三块

实训模块包含电源模块、按钮模块、变频器模块。

(1)电源模块,如图 2 - 3 所示。69 三相四线 380 V 交流电源经三相电源总开关后给系统供电,设有保险丝,具有漏电和短路保护功能,提供单相双联暗插座,可以给外部设备、模块供电,并提供单、三相交流电源,同时配有安全连接导线。

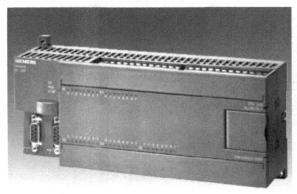

图 2 - 1 西门子 S7 - 200CPU226

(2)按钮模块,如图 2 - 4 所示。提供红、黄、绿三种指示灯(DC24V),复位、自锁按钮,急停开关,转换开关、蜂鸣器。提供 24V/6A、12V/5A 直流电源,为外部设备提供直流电源。

(3)变频器模块,如图 2 - 5 所示。采用西门子 MM420 变频器,三相 380V 供电,输出功率

7

0.75 kW。集成 RS－485 通讯接口,提供 BOP 操作面板;具有线性 V/F 控制、平方 V/F 控制、可编程多点设定 V/F 控制,磁通电流控制、直流转矩控制;集成 3 路数字量输入/1 路继电器输出,1 路模拟量输入/1 路模拟量输出;具备过电压、欠电压保护,变频器、电机过热保护,短路保护等。提供调速电位器,所有接口均采用安全插连接。

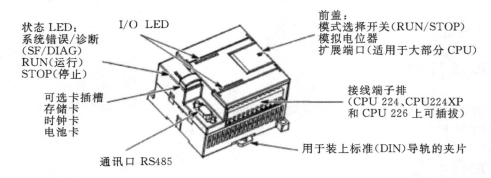

图 2-2　西门子 S7－200CPU226 设备各部分名称

图 2-3　电源模块图

图 2-4　按钮模块

图 2-5　变频器模块

三、实训内容

(1)讲解西门子 S7－200CPU226 个组成部分及功用,讲解各实训模块。

(2)给电源模块连接电源。

(3)连接西门子 S7－200CPU226 的电源,给其 I/O 口和按钮模块连接 24DC 电源,并检查正确性。

(4)检查电路无误后,闭合电源模块的空气开关。

(5)手动闭合 I 口,看其状态指示灯是否正常指示。

四、实训报告

画出西门子 S7－200CPU226 的结构简图,并标出各部分名称。

实训三　STEP7 MICRO/WIN V3.01 编程软件使用练习实训

学生姓名＿＿＿＿＿＿　学号＿＿＿＿＿＿　班级＿＿＿＿＿＿　指导老师＿＿＿＿＿＿

一、实训目的

(1)了解 STEP7 MICRO/WIN V3.01 编程软件,并能够安装和运用软件。

(2)掌握计算机和 S7－200 可编程控制器的硬件连接。

(3)能够完成计算机和 PLC 的通信参数设置和建立通讯。

(4)掌握 STEP7 MICRO/WIN V3.01 编程软件编程和程序调试方法。

二、实训仪器

(1)S7－200 可编程控制器一台。

(2)连接导线一套。

(3)计算机一台。

(4)IMATIC S7－200 编程软件。

三、实训内容

1. SIMATIC S7－200 编程软件使用

SIMATIC S7－200 编程软件是指西门子公司为 S7－200 系列可编程控制器编制的工业编程软件的集合,其中 STEP7－Micro/WIN32 软件是基于 Windows 的应用软件。STEP7－Micro/WIN32 软件包括有 Microwin3.1 软件;Microwin3.1 的升级版本软件 Microwin3.1 SP1;Toolbox 和 TP070(触摸屏)的组态软件 TP Designer V1.0 设计师)工具箱;以及 Microwin3.11 Chinese 等编程软件。

编程软件的安装:按 Microwin3.1 ＞＞ Microwin3.1 SP1＞＞ Toolbox ＞＞ Microwin3.11 Chinese的顺序进行安装。

新建文件或打开文件:打开 V4.0 STEP 7 MicroWIN SP6 编程软件或双击桌面图标,用菜单命令"文件＋新建",生成一个新的项目。用菜单命令"文件＋打开",可打开一个已有的项目。用菜单命令"文件另存为"可修改项目的名称。也可单击标准工具栏中的新建按钮,建立一个新的程序文件。

2. 计算机和 S7－200 可编程控制器的连接

用 PC/PPI 电缆连接计算机和 PLC,通过串口实现两者的通讯。计算机和 PLC 的连接如

9

图 3-1 所示。

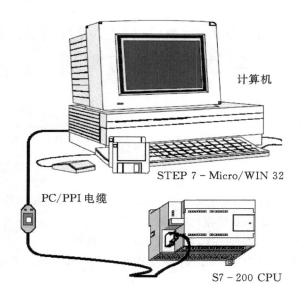

STEP 7 – Micro/WIN 32

计算机

PC/PPI 电缆

S7 – 200 CPU

图 3-1　计算机和 PLC 的连接

3.设置通信参数

将编程设备(如 PC 机,为主站)的通信地址设为 0,点击指令树中"通信",打开通信窗口如图 3-2 所示,要修改 PC 机的通信地址,则继续点击通信窗口下端"设置 PG/PC 接口"按钮,打开"设置 PG/PC 接口"页面,如图 3-3 所示,点击该页面右侧"属性"按钮,则由打开"属性"页面,点击"PPI"修改"地址(A)"中数字,可设置 PC 机的通信地址,如图 3-4 所示。

PLC 的 CPU 的默认地址为 2(为从站),如图 3-2 所示。PC 机的接口一般使用 COM1 或 COM3(串口编程电缆接线使用 COM1 端口,USB 转 RS485 接线使用 COM3 端口)和 USB。传送波特率为 9.6kbit。设置通信参数如图 3-5 所示。

如果建立了计算机和 PLC 的在线联系,就可以利用软件检查,设置和修改 PLC 的通信参数。

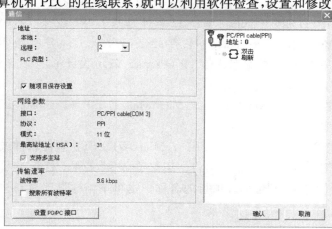

图 3-2　PC 机的通信地址

图 3-3 设置 PG/PC 接口

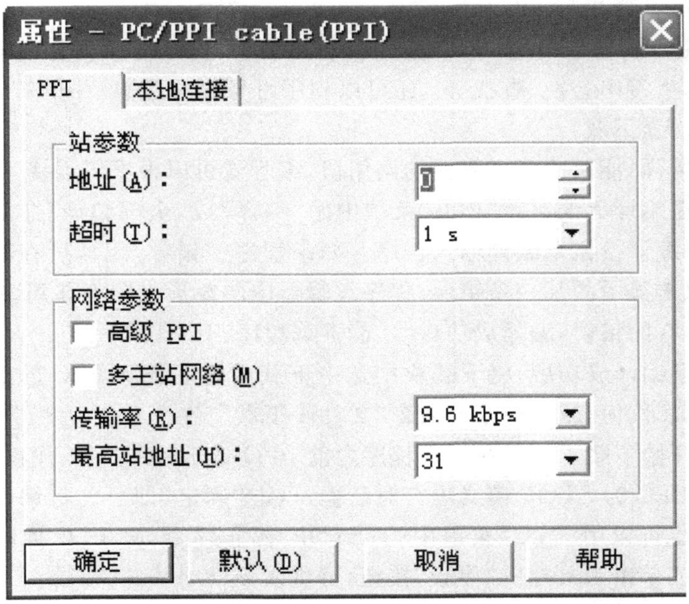

图 3-4 设置 PC 机的通信地址

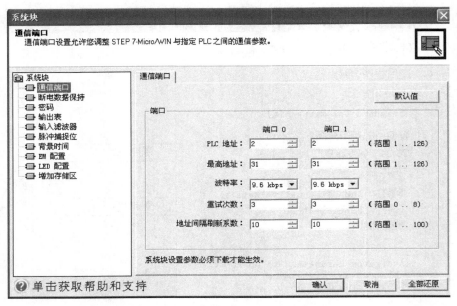

图 3-5　设置 PLC 的通信端口参数

4.建立通信

单击标准工具栏中的下载按键,即可把修改后的参数下载到 PLC 主机,单击浏览条中的通信图标,进入通信对话框,双击刷新图标,搜索并显示连接的 S7－200 CPU 的图标,选择相应的 S7－200CPU 并单击"确定"。

5.建立项目(用户程序)

程序的输入、编辑:通常利用 LAD 进行程序的输入,程序的编辑包括程序的剪切、拷贝、粘贴、插入和删除,字符串替换、查找等。还可以利用符号表对 POU 中的符号赋值。

程序的编译及上、下载:

编译:程序的编译,能明确指出错误的网络段,编程者可以根据错误提示对程序进行修改,然后再次编译,直至编译无误。用"PLC"菜单中的"编译"或"全部编译"命令或单击标准工具栏中的编译或全部编译按钮来编译输入程序。如果程序有错误,编译后在输出窗口显示与错误有关的信息。双击显示的某一条错误,程序编辑器中的矩形光标将移到该错误所在的位置。必须改正程序中所有的错误,编译成功后,才能下载程序。

下载:用户程序编译成功后,将下载块中选中下载内容下载到 PLC 的存储器中。单击标准工具栏中的"下载"按钮,或选择菜单命令"文件＋下载",在下载对话框中选择下载程序块,单击"确认"按钮,开始下载。如果在下载程序之前 PLC 处于"RUN"工作模式,则在下载对话框中会弹出"设置 PLC 为 STOP 模式吗?"对话框,点击"确定"即可。将编译好的程序下载到 PLC 控制器之前,也可以用"PLC"菜单中的"STOP"停止命令,将 PLC 控制器的控制方式设置为 STOP 模式,或单击工具栏的"停止"按钮,可进入 STOP 模式。

上载:载入可以将 PLC 中未加密的程序或数据向上送入编程器(PC 机)。

运行程序:下载成功后,单击工具栏的"运行"按钮,或选择菜单命令"PLC＋RUN",用户程序。

将选择的程序块、数据块、系统块等内容上载后,可以在程序窗口显示上载的 PLC 内部程序和数据信息。

四、实训报告

(1)写出计算机和 PLC 的通信参数设置和建立通讯的过程。

(2)写出 STEP7 MICRO/WIN V3.01 编程软件编程和程序调试的过程。

实训四 西门子 S7 - 200 基本指令应用编程实训

学生姓名_____学号_____班级_____指导老师_____

一、实训目的

(1)掌握 PLC 编程软件的使用方法。

(2)掌握基本指令应用的编程方法。

二、实训仪器

(1)S7 - 200 可编程控制器一台。

(2)连接导线一套。

(3)计算机一台。

(4)SIMATIC S7 - 200 编程软件。

三、实训内容

1.继续熟悉 STEP 7 MicroWIN V4.0 SP6 编程软件

2.基本逻辑指令编程练习

(1)分别编辑基本的"与逻辑、或逻辑、非逻辑"程序段,并点击"下载"图标,将程序下载至 PLC 中,观察并记录运行结果。

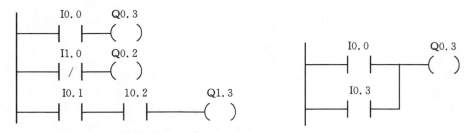

(2)例 1:串联电路块的并联连接指令 OLD 的应用

14

例 2：并联电路块的串联连接指令 ALD 的应用

```
        I0.0        M0.0        M0.1        Q0.0
    ┤ ├────┬────┤ ├────────┤ ├────┤ ├────( )
        I0.1 │      M0.2        M0.3
    ┤ ├────┴────────────┤ ├────┤/├
```

3. 置位、复位指令编程练习

位指令：从 bit 开始的 N 个元件置 1 并保持。

复位指令：从 bit 开始的 N 个元件置 0 并保持。

例 3：置位、复位指令的应用

```
        I0.7        Q0.3
    ┤ ├────────( S )
                    3
        I0.5        Q0.3
    ┤ ├────────( R )
                    2
```

4. 边沿脉冲指令编程练习

上升沿脉冲：在脉冲上升沿瞬间接通；下降沿脉冲：在脉冲下降沿瞬间接通。例 4：边沿脉冲指令的应用 。

```
        I0.0                              M0.0
    ┤ ├──────────┤P├──────( )

        M0.0        Q0.0
    ┤ ├────────( S )
                    1
        I0.1        Q0.0              M0.1
    ┤ ├────────┤ ├──────( )

        M0.1        Q0.0
    ┤ ├────────( R )
                    1
```

四、实训报告

把以上程序输入编程软件并调试，操作对应的输入元件，观察并记录实验结果，并分析其工作原理。

实训五　电动机的 PLC 控制实训

学生姓名＿＿＿＿＿　学号＿＿＿＿＿　班级＿＿＿＿＿　指导老师＿＿＿＿＿

一、实训目的

(1)能够运用 STEP7 MICRO/WIN V3.01 编程软件编程和调试。

(2)通过 PLC 编程实现对三相异步电动机的起停控制。

(3)通过 PLC 编程实现对三相异步电动机的 Y/△降压启动。

(4)通过 PLC 编程实现对三相异步电动机的正反转控制。

二、实训仪器

(1)S7－200 可编程控制器一台。

(2)连接导线一套。

(3)计算机一台。

(4)SIMATIC S7－200 编程软件。

(5)三相异步电动机一台。

(6)三相交流接触器一个。

三、实训内容

1. 熟悉编程环境 STEP MICRO/WIN V3.01

将鼠标双击屏幕 STEP MicroWIN 32 图标打开图选 File 菜单条—选 new(建立一个新的 step 200 文件),在工程的名字旁边注有 CPU 类型。如果不符,可以点击鼠标右键,以便重新选择 CPU 类型。

生成一个 PLC 新的程序文件过程如下:(采用梯形图程序)

(1)双击指令树中的命令,再选某一具体指令;

(2)在编辑窗口移动方框键入图形与数字,按回车键;

(3)存盘;

(4)下载(download),等待出现下载成功的标志;

(5)运行。

2. 电动机起停控制 PLC 编程

(1)I/O 口分配

I1.0 接入起动按钮,I1.1 接入停止按钮,Q1.0 外接驱动接触器线圈 KM,KM 接触器控制电机起停。

I 口		O 口	
起动按钮	I1.0	外接驱动接触器线圈 KM	Q1.0
停止按钮	I1.1		

（2）编写程序实现电动机起停,自锁控制电路,编写程序如图 5-1 所示。

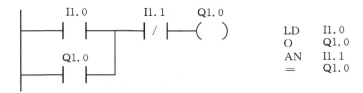

图 5-1　电机起停控制程序

将图 5-1 所示程序装入 PLC 的程序,建立一个扩展名为 mwp 的文件。

（3）运行已装入 PLC 的程序,并调试。

3. 电动机的正反转控制 PLC 编程

（1）I/O 口分配

I1.0:正转按钮,I1.1:反转按钮 I1.2:停机按钮,I1.3:热继电器保护触点,Q1.0:正转接触器线圈,Q1.1:反转接触器线圈。

I 口		O 口	
正转起动按钮	I1.0	正转接触器线圈	Q1.0
反转起动按钮	I1.1	反转接触器线圈	Q1.1
正转、反转停机按钮	I1.2		
热继电器保护触点	I1.3		

（2）编写程序

实现电动机正反转控制,编写程序如图 5-2 所示。

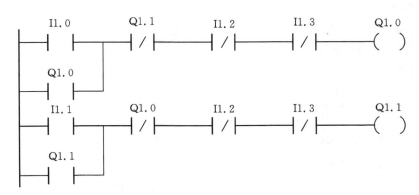

图 5-2　电机正反转控制程序

（3）运行 PLC 程序,并调试。

电机起停控制、正反转控制主电路如图 5 - 3 所示。

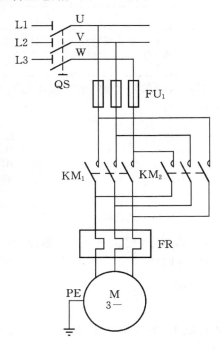

图 5 - 3   电机起停控制、正反转控制主电路

4. 电动机的 Y/△ 降压启动 PLC 编程

图 5 - 4 为三相交流异步电机的实验原理及实验模拟图。此实验的控制对象是一台三相交流异步电动机,要完成的功能的是用 PLC 控制三相交流异步电动机 Y/△ 降压启动。系统除电机外,还需要三组三相交流接触器 KM1、KMY 和 KM△,以及 3 个按钮 SB1、SB2、SB3。图中的 M 代表三相交流异步电动机,代表 KM1、KMY 和 KM△ 的发光二极管亮时表示该接触器线圈得电,对应的常开触点闭合。

(1)控制要求

按下按钮 SB1,电机 KM1、KMY 启动并正转;2 秒后,KMY 断开,电机 KM△ 接通,并一直运行;按 SB2,电机停止运作。

(2)I/O 分配

电动机的 Y/△ 降压启动 I/O 分配如下表所示。

I 口		O 口	
起动按钮 SB1	I1.0	电源接触器线圈 KM1	Q1.0
停止按钮 SB2	I1.1	Y 运行接触器线圈 KMY	Q1.1
		△ 运行接触器线圈 KM△	Q1.2

(3)编写程序

实现电动机的 Y/△ 降压启动控制,编写程序如图 5 - 5 所示。

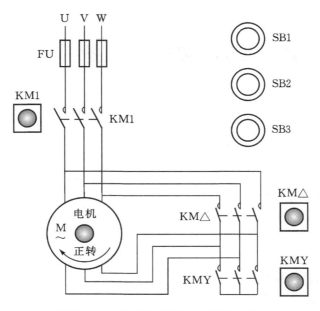

图 5-4　电机 Y/△降压启动控制主电路

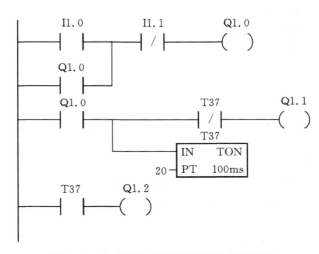

图 5-5　电动机的 Y/△降压启动控制程序

四、实训报告要求

(1)说明三相异步电动机的长动运行控制内涵。进行 I/O 口分配,编写 PLC 控制程序,记录调试运行过程。

(2)说明三相异步电动机的正反转运行控制内涵。进行 I/O 口分配,编写 PLC 控制程序,记录调试运行过程。

(3)说明三相异步电动机的 Y/△降压启动控制内涵。进行 I/O 口分配,编写 PLC 控制程序,记录调试运行过程。

实训六　PLC 编程实现三人抢答器控制实训

学生姓名＿＿＿＿＿　学号＿＿＿＿＿　班级＿＿＿＿＿　指导老师＿＿＿＿＿

一、实训目的

通过 PLC 编程实现三人抢答器控制。

二、实训仪器

(1)S7－200 可编程控制器一台。
(2)连接导线一套。
(3)计算机一台。
(4)SIMATIC S7－200 编程软件。
(5)按钮 3 个,旋钮 2 个。
(6)信号灯 4 个。

三、实训内容

1.控制要求

参加智力竞赛的 A、B、C 三人的桌上各有一只抢答按钮,分别为 SBl、SB2 和 SB3,用 3 盏灯 Ll、L2、L3 显示他们的抢答信号。当主持人接通抢答允许开关 SA1 后抢答开始,最先按下按钮的抢答者对应的灯亮,与此同时,应禁止另外两个抢答者的灯亮,指示灯在主持人按下复位开关 SA2 后熄灭。

2.I/O 地址分配

三人抢答器 I/O 分配如表 6-1 所示。

表 6-1　三人抢答器控制 I/O 分配表

I 口		O 口	
旋钮开关 SA1	I1.0	电源指示灯	Q1.0
复位按钮 SB2	I1.1	抢答指示灯 LA	Q1.1
抢答按钮 SB3	I1.2	抢答指示灯 LB	Q1.2
抢答按钮 SB4	I1.3	抢答指示灯 LC	Q1.3
抢答按钮 SB5	I1.4		

3.编写程序:(略)

四、实训报告要求

分析三人抢答器控制任务,依据任务进行 I/O 口分配,编写 PLC 控制程序,记录调试运行过程。

实训七　PLC比较及定时指令的基本编程实训

学生姓名_____学号_____班级_____指导老师_____

一、实训目的

(1)掌握比较指令。
(2)掌握定时指令。
(3)运用比较、定时指令编程。

二、实训仪器

(1)S7-200可编程控制器一台。
(2)连接导线一套。
(3)计算机一台。
(4)SIMATIC S7-200编程软件。
(5)旋钮1个。
(6)接触器4个。

三、实训内容

1.比较指令的使用说明及编程

(1)比较指令的类型

比较指令的类型有:字节比较、整数比较、双字整数比较、实数比较、字符串比较。数值比较指令的运算符有:=、>=、<、<=、>和<>等6种,而字符串比较指令只有=和<>两种。

以整数比较为例,比较整数指令用于比较两个值:IN1 至 IN2。比较包括:IN1 = IN2、IN1 >= IN2、IN1 <= IN2、IN1 > IN2、IN1 < IN2 或 IN1 <> IN2。整数比较带符号(16#7FFF > 16#8000)。在 LAD 中,比较为真实时,触点打开。其整数比较指令符号如图7-1所示。

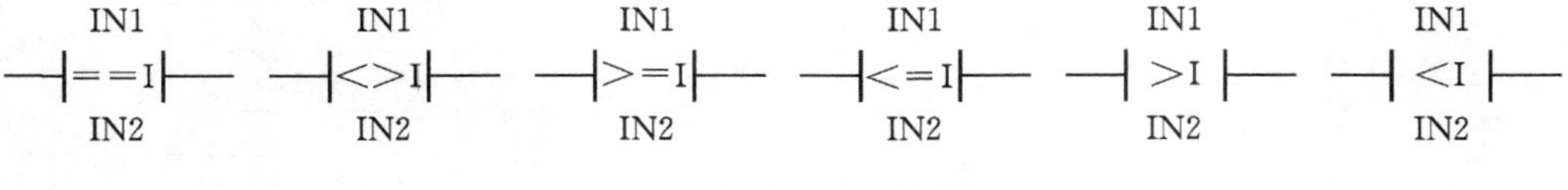

图7-1　整数比较指令符号

(2)输入编程练习

将图7-2的整数比较指令编程举例输入下载到PLC中运行,观察并比较六种整数比较指令的运行结果。

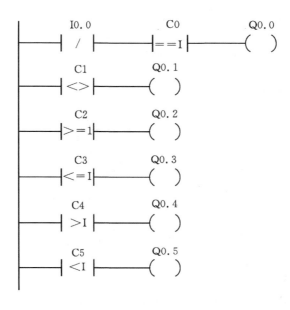

图7-2 整数比较指令编程举例

2.定时器指令的使用说明及编程

S7-200指令集提供三种不同类型的定时器:

(1)接通延时定时器(TON),用于单间隔计时;

(2)记忆型接通延时定时器(TONR)用于累计一定数量的定时间隔;

(3)断开延时定时器(TOF),用于在输入关闭后,延迟固定时间后再关闭输出。

定时器分辨率和编号如表7-1所示。

表7-1 定时器分辨率和编号

定时器类型	分辨率	最大当前值/s	定时器编号
TONR	1	32.767	T0,T64
	10	327.67	T1—T4,T65—T68
	100	3276.7	T5—T31,T69—T95
TON、TOF	1	32.767	T32,T96
	10	327.67	T33—T36,T97—T100
	100	3276.7	T37—T63,T101—T253

例1:通电延时定时器 TON 的应用

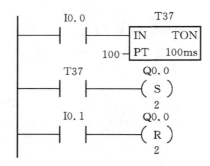

例2:断电延时定时器 TOF 的应用

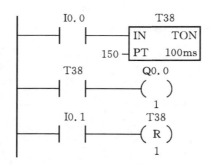

3.编程设计内容与要求

(1)利用 TON 指令编程,产生连续方波信号输出,其周期设为 3 s,占空间比为 2:1。编写梯形图程序和指令程序,并画出连续方波信号输出波形。

(2)设某工件加工过程分为 4 道工序完成,共需 30s,其时序要求如图 7 - 3 所示,I0.0=ON 时,启动和运行;I0.0=OFF 时停机。而且每次启动均从第一道工序开始。

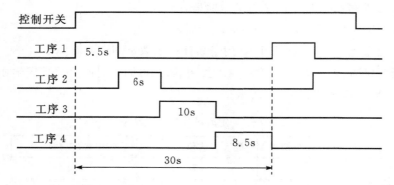

图 7 - 3 某工件加工过程 4 道工序时序要求

以上控制可用二种方法实现:

① 用 4 个定时器分别设置 4 道工序的时间,通过程序依次启动之。

② 用一个定时器设置全过程时间,再用若干条比较指令来判断和启动各道工序。

4.I/O 地址分配

I/O 分配如表 7 - 2 所示。

表 7 - 2　某工件加工过程 4 道工序 I/O 分配表

I 口		O 口	
SA1	I0.0	L	Q1.0 线圈
		L2	Q1.1 线圈
		L3	Q1.2 线圈
		L4	Q1.3 线圈

编写程序:

实现某工件加工过程 4 道工序控制,编写程序并调试。

四、实训报告要求

分析工件加工过程 4 道工序控制任务,依据任务进行 I/O 口分配,编写 PLC 控制程序,记录调试运行过程。

实训八　计数指令和特殊存储器的编程与应用实训

学生姓名_____学号_____班级_____指导老师_____

一、实训目的

(1) 熟悉计数指令。

(2)学会时钟脉冲发生器——特殊存储器 SM0.4 与 SM0.5 的运用。

(3)掌握计数指令和特殊存储器 SM0.4 与 SM0.5 的基本应用。

二、实训仪器

(1)S7-200 可编程控制器一台。

(2)连接导线一套。

(3)计算机一台。

(4)SIMATIC S7-200 编程软件。

三、实训内容

1.计数指令

计数器的类型有:增计数器 CTU、增减计数器 CTUD 和减计数器 CTD 等三种。

计数器的编号:计数器的编号由计算器名称和数字(0~255)组成。

计数器范围:Cxxx=C0 至 C255。

计数器的计数范围:0~32767。

例1:递增计数器 CTU 的应用

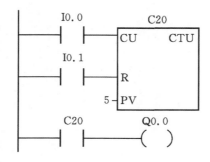

例2:递减计数器 CTD 的应用

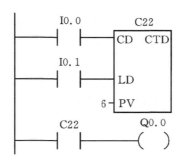

2.时钟脉冲发生器——特殊存储器 SM0.4 与 SM0.5

(1)特殊存储器 SM0.4 与 SM0.5

在 S7－200 中,产生时钟脉冲功能的特殊存储器有 2 个,它们分别是:SM0.4:触点以 1 次/min 的频率作周期性振荡,产生 1min 的时钟脉冲,该脉冲在 1min 的周期时间内 OFF(关闭)30s,ON(打开)30s。

(2)SM0.5:触点以 1 次/s 的频率作周期性振荡,产生 1 s 的时钟脉冲,该脉冲在 1s 的周期时间内 OFF(关闭)0.5 s,ON(打开)0.5 s。图 8－1 是特殊存储器 SM0.5 所产生的时钟脉冲。

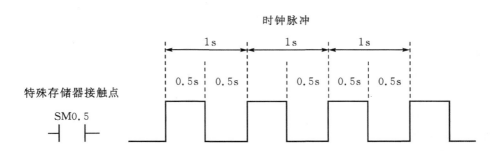

图 8－1　特殊存储器 SM0.5 所产生的时钟脉冲

(3)编程输入练习程序

图 8－2 的编程举例的程序编辑输入下载到 PLC 中运行,观察并记录运行输出结果。

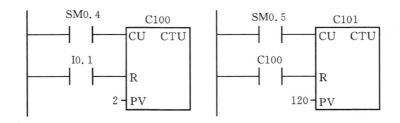

图 8－2　特殊存储器 SM0.4、SM0.5 的用法举例

3.编程设计

(1)用一个按钮开关（I0.2）控制三个灯（Q0.1、Q0.2、Q0.3），按钮按三下 1♯灯亮 0.5 s，再按三下 2♯灯亮 5 s，再按三下 3♯灯亮 30 s，再按一下全灭。以此反复。用特殊存储器和计数器设计程序，实现以上控制。

(2)做综合设计实验二 天塔之光控制程序，用定时器和计数器设计程序，并将设计程序输入 PLC 中进行调试和运行，观察并描述运行结果。

四、实验报告

(1)写出计数指令和特殊存储器的格式（LAD、STL）。

(2)写出实验选做设计的梯形图程序，列出指令表。

(3)写出执行该程序时观察到的结果，画出时序图。

实训九　数据传送、移位功能指令的编程与应用实训

学生姓名_____　学号_____　班级_____　指导老师_____

一、实训目的

(1)深入理解传送指令、数据移位指令及算术运算指令的功能。

(2)掌握传送指令、数据移位指令和算术运算指令的应用。

二、实训仪器

(1)S7－200可编程控制器一台。

(2)连接导线一套。

(3)计算机一台。

(4)SIMATIC S7－200编程软件。

三、实训内容

1.传送指令的使用说明及编程

(1)传送指令的类型与功能

传送指令用来完成各存储单元之间进行一个或多个数据的传送,可分为单一传送指令和块传送指令。每种又可依传送数据的类型分为字节、字、双字或者实数等。

①单个数据传送:针对数据长度有四种,字节传送指令(MOVB)、字传送指令(MOVW)、双字传送指令(MOVD)和实数传送指令(MOVR),在不改变原值的情况下可以将IN中的值传送到OUT。

②块传送:针对块数据长度有三种,字节块(BMB)的传送、字块(BMW)的传送和双字节块的传送(BMD)指令。传送指定数量的数据到一个新的存储区,数据的起始地址为IN,数据的长度为N个字节、字或双字,新块的起始地址为OUT。N的范围从1到255。

③字节立即传送:针对数据长度有二种,字节立即传送指令含字节立即读指令(BIR)及字节立即写(BIW)指令,允许在物理I/O和存储器之间立即传送一个字节数据。

(2)编程输入练习程序

①将图9－1数据传送指令的编程举例程序编辑输入下载到PLC中运行,观察并记录运行结果。

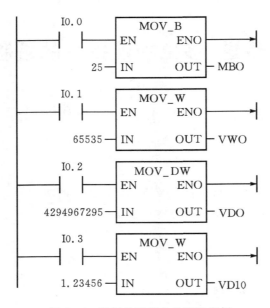

图 9-1　数据传送指令的编程举例

②将图 9-2 用存储器数据作计数器、定时器设定值的编程举例程序输入下载到 PLC 中运行,观察并记录运行结果。

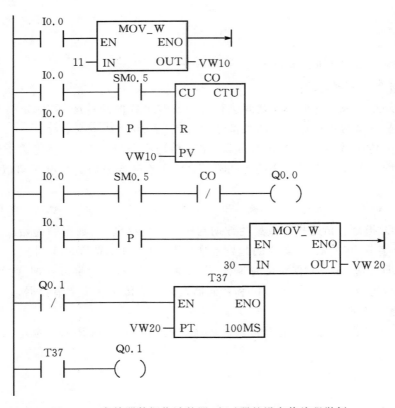

图 9-2　存储器数据作计数器、定时器的设定值编程举例

2.移位、循环移位指令的使用说明与编程

(1)移位、循环移位指令的类型与功能

①移位指令:移位指令包括左移和右移两种,根据所位移的长度不同可分为字节型、字型和双字型。左移位或右移位是把字节型(字型或双字型)输入数据 IN 左移或右移 N 位后,再把结果输出到 OUT 中。移位指令对移出位自动补零。最大实际可移位次数为 8 位(16 位或 32 位)。

②循环移位指令:循环移位指令包括循环左移和循环右移两种,根据所位移的长度不同可分为字节型、字型和双字型。循环左移或右移指令是把字节型(字型或双字型)输入数据 IN循环左移或循环右移 N 位,再将结果输出到 OUT 中。实际可移位次数为系统设定值取以 8位(16 位或 32 位)为低的模所得的结果。

③移位寄存器指令:移位寄存器指(SHRB)把输入的 DATA 数值移入移位寄存器,而该移位寄存器是由 S-BIT 和 N 决定的。其中,S-BIT 指定移位寄存器的最低位,N 指定移位寄存器的长度和移动的方向。(正向移位=N、反向移位=-N)。SHRB 指令输出的每一位都相继被放在溢出位(SM1.1)。

④字节交换指令:字节交换指令是将字型输入数据 IN 的高字节和低字节进行交换。

(2)编程输入练习程序

将图 9-3 和 9-4 所示梯形图编辑输入下载到 PLC 中运行,观察并记录运行结果。

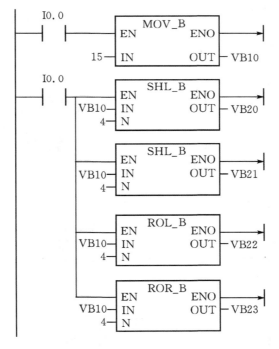

(a)字节移位、循环移位指令实例

31

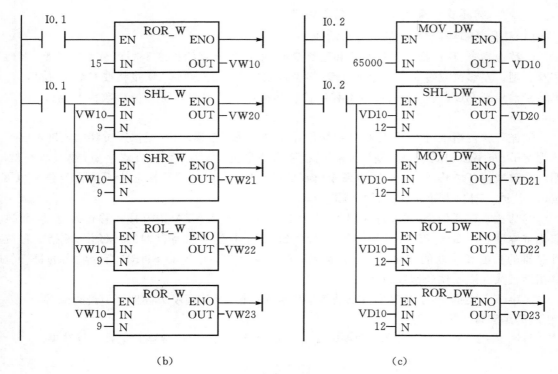

（b）   （c）

图 9-3 移位、循环指令的编程举例

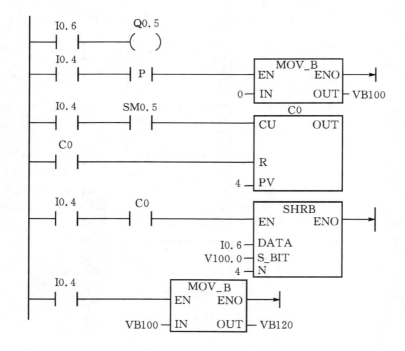

图 9-4 移位寄存器位指令的编程举例

3. 编程设计内容与要求

（1）用移位指令或循环移位指令控制 8 盏灯从 L1～L8 按顺序循环亮灭。

（2）做综合设计实验六霓虹灯控制，用比较指令和传送指令设计程序，并将设计程序输入 PLC 中进行调试和运行，观察并描述运行结果。

四、实训报告要求

（1）写出传送、移位寄存器的格式（LAD、STL）。

（2）写出实验选做设计的梯形图程序，列出指令表。

（3）写出执行该程序时观察到的结果，画出时序图。

实训十 交通信号灯自控和手控实训

学生姓名＿＿＿＿＿ 学号＿＿＿＿＿ 班级＿＿＿＿＿ 指导老师＿＿＿＿＿

一、实训目的

(1)深入理解定时器指令功能。

(2)掌握复杂控制任务分析与编程方法。

(3)掌握两种方法实现同一任务编程。

二、实训仪器

(1)S7－200 可编程控制器一台。

(2)连接导线一套。

(3)计算机一台。

(4)SIMATIC S7－200 编程软件。

(5)红、黄、绿灯各 2 个。

(6)按钮 2 个 。

三、实训内容

1. 系统组成

该系统由模拟十字路口交通灯的控制系统而设计制作,主要由 2 个红灯、2 个绿灯、2 个黄灯以及用于显示路口等待时间的八段码显示屏所组成。其十字路口交通灯控制面板结构示意图如图 10－1 所示。

2. 控制要求

按启动按钮后:

(1)东西向红绿黄灯的控制如下:东西绿灯亮 4 s 后闪 2 s 灭;黄灯亮 2 s 灭;红灯亮 8 s,依此循环。

(2)南北向的红绿黄灯的控制如下:南北向的红灯亮 8 s,接着绿灯亮 4 s 后闪 2 s 灭;黄灯亮 2 s 后,依此循环。

按下手动按钮,自动运行停止,南北向绿灯亮,东西向红灯亮。其交通灯自动控制的时序图如图 10－2 所示。

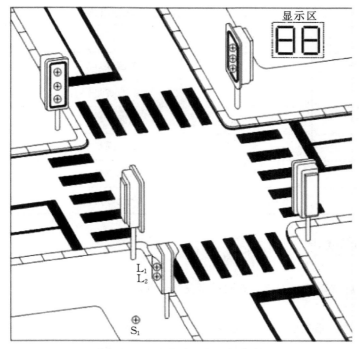

图 10-1 十字路口交通灯控制

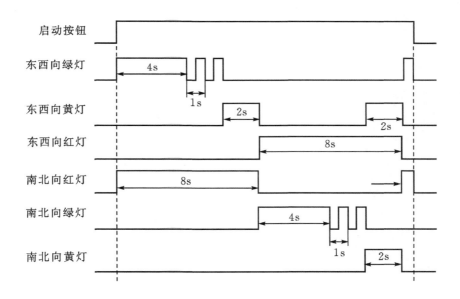

图 10-2 交通灯自动控制的时序图

3. I/O 口分配

由于实验面板上无输入按钮作启动控制,故缺少启动按钮,需要使用"输入输出单元"模块,占用 1 个 SA0 钮子开关作为启动按钮,注意开关的公共端"C"应接直流电源 24 V 的负极。交通灯实验面板输入输出接口接线端子如表 10-1 所示。

表 10-1　交通灯实验面板输入输出接口

I 口		O 口	
SA0 启动按钮	I0.0	东西绿灯	Q1.0
S1 手动运行	I0.1	东西黄灯	Q1.1
		东西红灯	Q1.2
		南北绿灯	Q1.3
		南北黄灯	Q1.4
		南北红灯	Q1.5

四、实训报告要求

(1)分析交通灯自动控制任务,依据任务进行 I/O 口分配,编写 PLC 控制程序,记录调试运行过程。

(2)试用一个定时器和比较指令实现交通灯自动控制。

实训十一 多种液体自动混合系统控制实训

学生姓名_____ 学号_____ 班级_____ 指导老师_____

一、实训目的

掌握复杂控制任务分析与编程方法。

二、实训仪器

(1)S7 - 200 可编程控制器一台。
(2)连接导线一套。
(3)算机一台。
(4)SIMATIC S7 - 200 编程软件。
(5)电磁阀 4 个。
(6)按钮 2 个。
(7)水位高度传感器 3 个。
(8)电动机 M 一个。

三、实训内容

1.系统组成

该系统由储水器 1 台,搅拌机一台,加热器一台,三个液位传感器,一个温度传感器,三个进水电磁阀和一个出水电磁阀所组成。其多种液体自动混合系统示意图如图 11 - 1 所示。

2.控制要求

(1)初始状态:储水器中没有液体,电磁阀 Y1,Y2,Y3,Y4 没有接通,搅拌机 M 停止动作,液面传感器 S1,S2,S3 均没有信号输出。

(2)动作要求:按下启动按钮 SA0,开始下列操作:

①电磁阀 Y1 闭合,开始注入液体 A,至液面高度为 H1 时,液位传感器 S3 输出信号,停止注入液体 A,电磁阀 Y1 断开,同时电磁阀 Y2 闭合,开始注入液体 B,当液面高度为 H2 时,液位传感器 S2 输出信号,电磁阀 Y2 断开,停止注入液体 B,同时电磁阀 Y3 闭合,开始注入液体 C,当液面高度为 H3 时,液位传感器 S1 输出信号,电磁阀 Y3 断开,停止注入液体 C。

②停止液体 C 注入时,搅拌机 M 开始动作,搅拌混合时间为 30 s。图 10 - 1 多种液体自动混合系统图

③当搅拌停止后,按 SB0 开始放出混合液体,此时电磁阀 Y4 闭合,液体开始流出,至液体

高度降为 H1 后，再经 5 s 停止放出，电磁阀 Y4 停止动作。

④当按下 SB1 时，停止装车，回到初始状态。

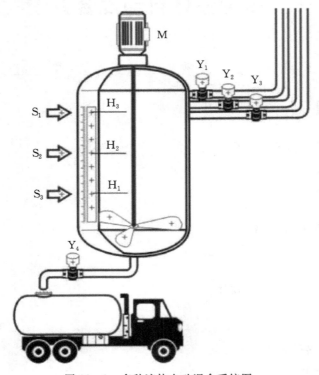

图 11-1　多种液体自动混合系统图

3. I/O 口分配

由于实验面板上无输入按钮为手动控制，故缺少启动按钮，需要使用"输入输出单元"模块，占用 2 个按钮开关的输入口，注意开关的公共端"C"应接直流电源"—"极。多种液体混合系统实验面板输入输出接口接线端子如表 11-1 所示。

表 11-1　多种液体混合系统输入输出分配表

I 口		O 口	
S1 检测水位高度 H1	I0.0	进水电磁阀线圈 Y1	Q1.0
S2 检测水位高度 H2	I0.1	进水电磁阀线圈 Y2	Q1.1
S3 检测水位高度 H3	I0.2	进水电磁阀线圈 Y3	Q1.2
SB0 常开	I0.3	进水电磁阀线圈 Y4	Q1.3
SB1 常开	I0.4	搅拌电动机 M	Q1.4
SB0 公共端			
SB1 公共端			

4. 实验参考程序

多种液体自动混合系统 PLC 程序如图 11-2 所示。

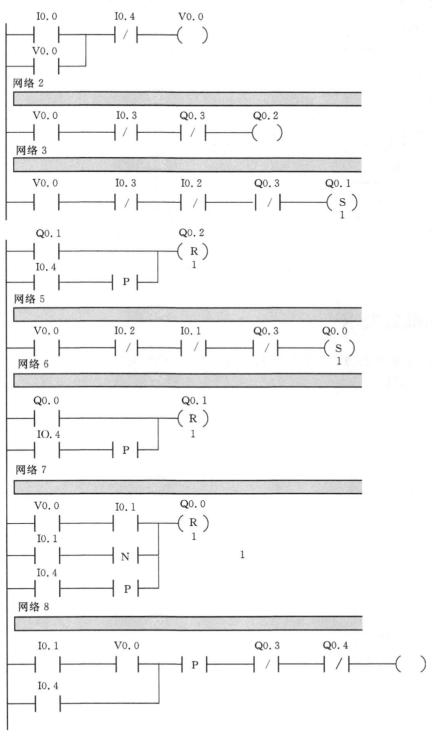

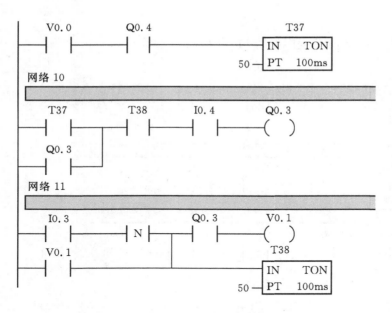

图 11-2　多种液体自动混合系统 PLC 程序

四、实训报告要求

分析交多种液体自动混合系统控制任务,依据任务进行 I/O 口分配,编写 PLC 控制程序,记录调试运行过程。

实训十二　音乐喷泉的 PLC 控制实训

学生姓名＿＿＿＿＿＿＿　学号＿＿＿＿＿＿＿　班级＿＿＿＿＿＿＿　指导老师＿＿＿＿＿＿＿

一、实训目的

(1)熟悉置位字右移指令的使用及编程方法。
(2)熟悉 PLC 的控制原理。

二、实训仪器

(1)S7－200 可编程控制器一台。
(2)连接导线一套。
(3)计算机一台。
(4)SIMATIC S7－200 编程软件。
(5)实验面板。

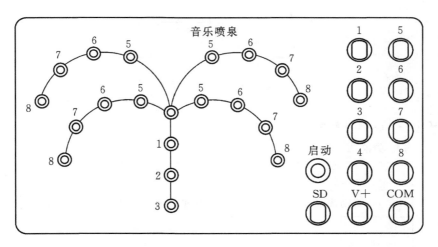

图 12－1　音乐喷泉的 PLC 控制图

三、实训内容

1.控制要求

(1)置位启动开关 SD 为 ON 时,LED 指示灯依次循环显示 1→2→3…→8→1、2、3、4→
5、6→7、8→1、2、3→4、5、6→7、8→1、2、3、4、5、6、7、8→1、2、3、4、5、6、7、8→1→2…,模拟当前

喷泉"水流"状态。

(2)置位启动开关 SD 为 OFF 时,LED 指示灯停止显示,系统停止工作。

2.字右移指令

字右移指令将输入字(IN)数值向右移动 N 位,并将结果载入输出字(OUT)。如上所示:当每有一个 V0.0 的上升沿信号时,那么 VW2 中的数据就向右移动 1 位,并将移位后的结果存入 VW2 中。

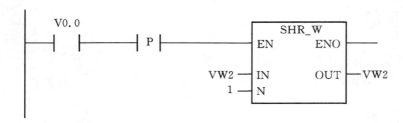

3.程序流程图如图 12-2 所示。

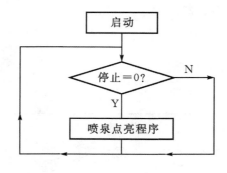

图 12-2　程序流程图

4.端口分配及接线图如图 12-3 所示。

I/O 端口分配功能表

I 口		O 口	
SB 启动按钮	I0.0	模拟指示灯混 HL1	Q1.0
		模拟指示灯混 HL2	Q1.1
		模拟指示灯混 HL3	Q1.2
		模拟指示灯混 HL4	Q1.3
		模拟指示灯混 HL5	Q1.4
		模拟指示灯混 HL6	
		模拟指示灯混 HL7	
		模拟指示灯混 HL8	

5.接线图

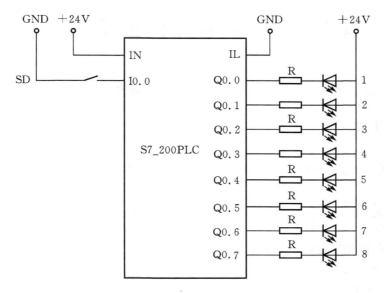

图 12-3　端口分配及接线图

6.实验步骤

(1)按控制接线图连接控制回路;

(2)将编译无误的控制程序下载至 PLC 中,并将模式选择开关拨至 RUN 状态;

(3)拨动启动开关 SD 为 ON 状态,观察并记录喷泉"水流"状态;

(4)尝试编译新的控制程序,实现不同于示例程序的控制效果。

7.实训思考

请尝试编一个新的控制程序,实现不同于示例程序的控制效果(要求:一个启动控制,一个停止控制,8 个输出分别控制 8 路模拟指示灯,每间隔 1 秒使灯顺序循环点亮)。

四、实训报告

指导老师_____班级_____学生姓名_____学号_____

(1)画出 THJDME-1 的工作流程方框图,并作简要文字叙述。

(2)对 THJDME-1 实训装置的工作过程进行记录。

实训十三　邮件分拣机控制实训

学生姓名＿＿＿＿＿　学号＿＿＿＿＿　班级＿＿＿＿＿　指导老师＿＿＿＿＿

一、实训目的

掌握复杂控制任务分析与编程方法。

二、实训仪器

(1)S7 - 200 可编程控制器一台。

(2)连接导线一套。

(3)计算机一台。

(4)SIMATIC S7 - 200 编程软件。

(5)传送带 M5 一个。

(6)气缸(M1、M2、M3、M4)。

(7)光电码盘 BV、光电传感器 S1 和一组邮箱筒。

(8)按钮 2 个。

三、实训内容

1. 系统组成

该系统由传送带 M5、气缸(M1、M2、M3、M4)、光电码盘 BV、光电传感器 S1 和一组邮箱筒所组成,其邮件分拣系统结构示意图如图 13 - 1 所示。

2. 控制要求

(1)初始状态:L1 红灯亮,L2 绿灯灭;其他均为 OFF。

(2)启动操作:按下 SB0 启动按钮,启动邮件分拣后,L1 红灯灭,L2 绿灯亮;表示可以进行邮件分拣。

按下 S1 按钮,表示检测到有邮件,开始进行邮件分拣;设置拨码器上 1、2、3、4、5 为有效邮件,其余为无效邮件;如果检测到有效邮件则进入对应的分拣箱,然后按下 SB2 复位,继续分拣邮件;如果检测到无效邮件则 L1 红灯闪烁。

(3)停止操作:按停止按钮可恢复初始状态,重新启动可以继续进行邮件分拣。

3. I/O 口分配

邮件分拣系统输入输出分配如表 13 - 1 所示。

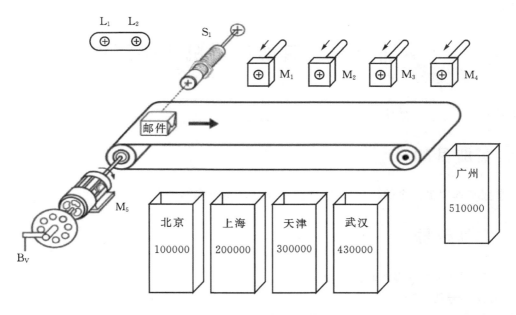

图 13-1 邮件分拣系统结构图

表 13-1 邮件分拣系统输入输出分配表

I 口		O 口	
VB 编码器输入	I0.0	控制气缸 M1 电磁阀	Q1.1
SB2 复位按钮	I0.2	控制气缸 M2 电磁阀	Q1.2
SB0 启动按钮	I0.3	控制气缸 M3 电磁阀	Q1.3
S1 检测是否有邮件	I0.4	控制气缸 M4 电磁阀	Q1.4
SB1 停止按钮	I0.5	控制气缸 M5 电磁阀	Q1.5
BCD 码开关 CO"1"端	I0.0	指示灯 L1	Q1.6
BCD 码开关 CO"2"端	I0.1	指示灯 L2	Q1.7
BCD 码开关 CO"3"端	I0.2		
BCD 码开关 CO"4"端	I0.3		

四、实训报告要求

分析邮件分拣系统控制任务,依据任务进行 I/O 口分配,编写 PLC 控制程序,记录调试运行过程。

实训十四　自动售货机控制实训

学生姓名＿＿＿＿＿＿　学号＿＿＿＿＿＿　班级＿＿＿＿＿＿　指导老师＿＿＿＿＿＿

一、实训目的

掌握基本逻辑指令的使用方法,熟悉传送比较指令和四则运算指令的用法。

二、实训仪器

(1)S7-200可编程控制器一台。
(2)连接导线一套。
(3)计算机一台。
(4)SIMATIC S7-200编程软件。

三、实训内容

本实验是模拟现实生活中的自动售货机的工作情况而设计的实验。实验中,取物及退币用 LDE 灯来模拟,其他与现实中的自动售货机基本相似。本实验八段码数码管带 74LS247N 译码模块。

1. 系统组成

自动售货机系统结构示意图如图 14-1 所示。

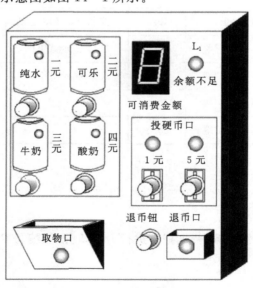

图 14-1　自动售货机系统结构图

2. 控制要求

该机接受硬币后能自动送出顾客选择的商品并找零。要求实现：按下投币口按钮 1 元或 5 元，数码管显示投币金额之和(不能大于 9 元)。有四种商品可选：纯水一元；可乐二元；牛奶三元；酸奶四元。按下商品对应按钮时，数码管显示金额变为原金额减去所买商品价格之差，即余额。

3. 参考程序

自动售货机系统控制参考程序如图 14-2 所示。

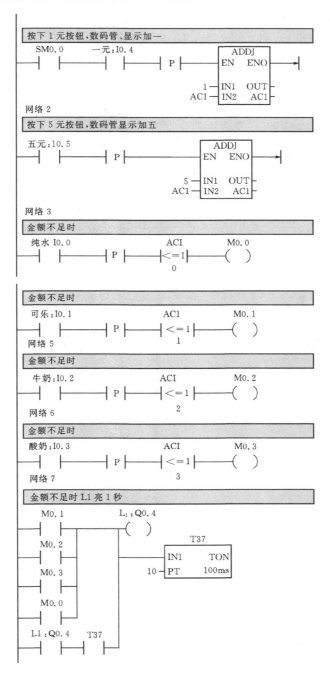

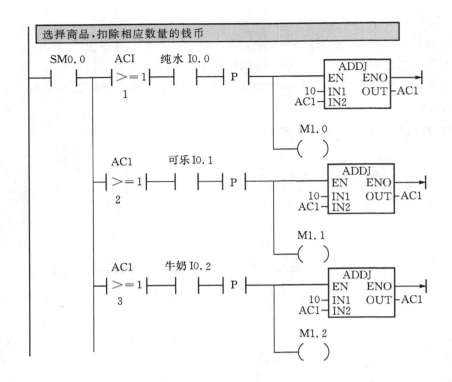

图 14 - 2　自动售货机系统控制参考程序

四、实训报告要求

　　分析自动售货机系统控制任务,依据任务进行 I/O 口分配,编写 PLC 控制程序,记录调试运行过程。

实训十五 基于 PLC 的装配流水线控制实训

学生姓名_____ 学号_____ 班级_____ 指导老师_____

一、实训目的

(1)掌握移位寄存器指令的使用及编程

(2)掌握装配流水线控制系统的接线、调试、操作

(3)熟悉基于 PLC 的电气控制系统的安装与调试方法。

二、实训仪器

(1)S7 – 200 可编程控制器一台。

(2)连接导线一套。

(3)计算机一台。

(4)SIMATIC S7 – 200 编程软件。

(5)实验模板。

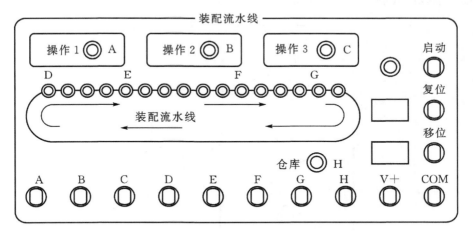

三、实训内容

1.控制要求

(1)总体控制要求:如面板图所示,系统中的操作工位 A、B、C,运料工位 D、E、F、G 及仓库操作工位 H 能对工件进行循环处理;

(2)闭合"启动"开关,工件经过传送工位 D 送至操作工位 A,在此工位完成加工后再由传

送工位 E 送至操作工位 B……,依次传送及加工,直至工件被送至仓库操作工位 H,由该工位完成对工件的入库操作,循环处理;

(3)断开"启动"开关,系统加工完最后一个工件入库后,自动停止工作;

(4)按"复位"键,无论此时工件位于任何工位,系统均能复位至起始状态,即工件又重新开始从传送工位 D 处开始运送并加工;

(5)按"移位"键,无论此时工件位于任何工位,系统均能进入单步移位状态,即每按一次"移位"键,工件前进一个工位。

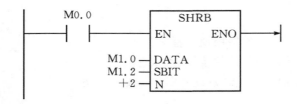

2.移位寄存器指令使用

在此程序功能块的输入控制端"EN"处每输入一个脉冲信号,即把输入的"DATA"处的数值移入移位寄存器。其中,"S—BIT"指定移位寄存器的最低位,"N"指定移位寄存器的长度和移位方向(正向移位＝N,反向移位＝－N)。移出的每一位都被放入溢出标志位"SM1.1"中。

3.程序流程图

装配流水线的控制程序流程如图 15-1 所示。

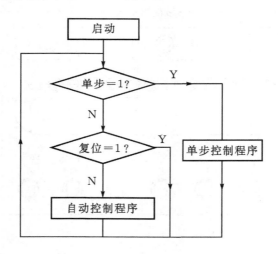

图 15-3 装配流水线的控制程序流程

4.I/O 口分配

装配流水线的控制系统编程地址分配如表 15-1 所示。

表 15 - 1　装配流水线的控制系统编程地址分配

I 口		O 口	
SD 启动按钮	I0.0	工位 A 动作	Q0.0
RS 复位按钮	I0.1	工位 B 动作	Q0.1
ME 移位	I0.2	工位 C 动作	Q0.2
		运料工位 D 动作	Q0.3
		运料工位 E 动作	Q0.4
		运料工位 F 动作	Q0.5
		运料工位 G 动作	Q0.6
		仓库操作工位 H 动作	Q0.7

5. PLC 外部接线图

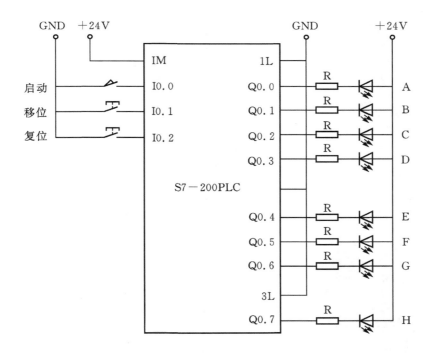

四、操作步骤

（1）检查实训设备中器材及调试程序。

（2）按照 I/O 端口分配表或接线图完成 PLC 与实训模块之间的接线，认真检查确保正确无误。

（3）打开示例程序或用户自己编写的控制程序，进行编译，有错误时根据提示信息修改，直至无误，用 PC/PPI 通讯编程电缆连接计算机串口与 PLC 通讯口，打开 PLC 主机电源开关，下载程序至 PLC 中,下载完毕后将 PLC 的"RUN/STOP"开关拨至"RUN"状态。

(4)打开"启动"按钮后,系统进入自动运行状态,调试装配流水线控制程序并观察自动运行模式下的工作状态。

(5)按"复位"键,观察系统响应情况。

(6)按"移位"键,系统进入单步运行状态,连续按"移位"键,调试装配流水线控制程序并观察单步移位模式下的工作状态。

五、实训报告要求

分析邮件分拣系统控制任务,依据任务进行 I/O 口分配,编写 PLC 控制程序,记录调试运行过程。

实训报告

班　级＿＿＿＿＿＿＿　姓名＿＿＿＿＿＿　学号＿＿＿＿＿＿＿　指导老师＿＿＿＿＿＿

实训 地点	
实 训 操 作 步 骤	

实训总结	
教师评语与成绩评定	

参考文献

[1]童克波.现代电气及 PLC 应用技术[M].北京:北京邮电大学出版社,2011.

[2]夏燕兰.数控机床电气控制[M].北京:机械工业出版社,2011.

[3]黄永红.电气控制与 PLC 应用技术[M].北京:机械工业出版社,2011.

[4]THJDME - 1 使用手册.